PERSISTANCE ADDITIVE

© RS – Mai 2018.

QU'EST-CE QUE LA PERSISTANCE ADDITIVE ?

La persistance additive d'un nombre entier positif N est le nombre d'étapes pour atteindre un nombre d'un seul chiffre par addition successive des chiffres de N.

Cette persistance est-elle finie ou infinie quel que soit le nombre N que l'on choisit ?

Pour cela, soit un nombre entier positif N à n chiffres, alors :

$$N_0 = N = a_n a_{n-1} \ldots a_1 a_0$$

Les lettres « a » correspondent aux chiffres du nombre N.

$$n_0 = n$$

$$= 1 + \left\lfloor \frac{\ln(N)}{\ln(10)} \right\rfloor$$

$$= 1 + \left\lfloor \frac{\ln(N)}{r} \right\rfloor \forall n \ avec \ r = \ln(10)$$

Car le nombre de chiffres d'un nombre s'exprime avec la valeur plancher de son logarithme en base 10.

Ensuite, on pose à l'étape suivante la somme des chiffres du nombre :

$$N_1 = \sum_{i=1}^{n_0} a_i$$

$$\rightarrow N_1 = \sum_{i=1}^{n_0} a_i = b_n b_{n-1} \ldots b_1 b_0 \leq \sum_{i=1}^{n_0} 9 = 9n_0$$

$< 10n_0$ qui a un nombre de chiffres :

$$n_1 < 1 + \left\lfloor \frac{\ln(10n_0)}{r} \right\rfloor = 2 + \left\lfloor \frac{\ln(n_0)}{r} \right\rfloor$$

$$\rightarrow n_1 \leq 1 + \left\lceil \frac{\ln(n_0)}{r} \right\rceil \leq 1 + \frac{\ln(n_0)}{r}$$

De même :

$$N_2 = \sum_{i=1}^{n_1} b_i < 10 n_1 \text{ qui a un nombre de chiffres :}$$

$$n_2 \leq 1 + \frac{\ln(n_1)}{r}$$

$$\leq 1 + \frac{\ln\left(1 + \frac{\ln(n_0)}{r}\right)}{r}$$

$$= 1 + \frac{\ln(\ln(n_0) + r) - \ln(r)}{r}$$

Puis :

$$n_3 \leq 1 + \frac{\ln\left(1 + \frac{\ln(\ln(n_0) + r) - \ln(r)}{r}\right)}{r}$$

$$= 1 + \frac{\ln(\ln(\ln(n_0) + r) + r - \ln(r)) - \ln(r)}{r}$$

Ensuite :

$$n_4 \leq 1 + \frac{\ln(\ln(\ln(\ln(n_0) + r) + r - \ln(r)) + r - \ln(r)) - \ln(r)}{r}$$

...

Soit :

$$n_p \leq 1 + \frac{1}{r}\ln(n_{p-1})$$

$$\leq 1 + \frac{1}{r}(\ln(\ldots \ln(\ln(\ln(n_0) + r) + r - \ln(r)) \ldots + r - \ln(r)) - \ln(r))$$

$$\approx 1 + \frac{1}{r}\left(\ln\left(\ldots \ln\left(\ln\left(\frac{\ln(n_0)}{r}\right) + r\right) \ldots + r - \ln(r)\right) - \ln(r)\right)$$

$$\approx 1 + \frac{1}{r}\left(\ln\left(\ldots \ln\left(\frac{1}{r}\ln\left(\frac{\ln(n_0)}{r}\right)\right) + r \ldots + r - \ln(r)\right) - \ln(r)\right)$$

$$\approx 1 + \frac{1}{r^2}\left(\ln\left(...\frac{1}{r}\ln\left(\frac{1}{r}\ln\left(\frac{\ln(n_0)}{r}\right)\right)...\right)\right)$$

$$avec \ \ln(1+x) \approx \ln(x) \ si \ x \gg 1$$

D'où :

$$n_p \leq 1 + \frac{1}{ln^2(10)}ln\left(\frac{1}{ln(10)}ln\left(...\frac{1}{ln(10)}ln\left(\frac{1}{ln(10)}ln\left(\frac{\ln(n_0)}{ln(10)}\right)\right)...\right)\right)$$

Ou bien :

$$n_p \leq 1 + \left(ln\left(ln\left(...ln\left(ln\left(\left(\frac{\ln(n_0)}{ln(10)}\right)^{\frac{1}{ln(10)}}\right)^{\frac{1}{ln(10)}}\right)^{\frac{1}{ln(10)}}\right)^{\frac{1}{ln(10)}}...\right)\right)^{\frac{1}{ln^2(10)}}$$

PAR ITERATION

On obtient également par itération :

$$\rightarrow N_p = \sum_{i=1}^{n_{p-1}} z_i < 10 n_{p-1}$$

qui a un nombre de chiffres :

$$n_p \leq 1 + \frac{1}{r} \ln(n_{p-1})$$

$$= 1 + \frac{1}{r} \ln\left(1 + \frac{\ln(n_{p-2})}{r}\right)$$

$$\approx 1 + \frac{1}{r} \ln\left(\frac{\ln(n_{p-2})}{r}\right)$$

$$= \frac{1}{r}\ln(\ln(n_{p-2}))$$

$$= \frac{1}{r}\ln\left(\ln\left(1 + \frac{\ln(n_{p-3})}{r}\right)\right)$$

$$\approx \frac{1}{r}\ln\left(\ln\left(\frac{\ln(n_{p-3})}{r}\right)\right)$$

$$= \frac{1}{r}\ln\left(\ln\left(\frac{1}{r}\ln\left(1 + \frac{\ln(n_{p-4})}{r}\right)\right)\right)$$

$$\approx \frac{1}{r}\ln\left(\ln\left(\frac{1}{r}\ln\left(\frac{\ln(n_{p-4})}{r}\right)\right)\right)$$

$$= \frac{1}{r}\ln\left(\ln\left(\frac{1}{r}\ln\left(\frac{1}{r}\ln\left(1 + \frac{\ln(n_{p-5})}{r}\right)\right)\right)\right)$$

$$\approx \frac{1}{r}\ln\left(\ln\left(\frac{1}{r}\ln\left(\frac{1}{r}ln\left(\frac{\ln(n_{p-5})}{r}\right)\right)\right)\right)$$

$$= \frac{1}{r}\ln\left(\ln\left(\frac{1}{r}\ln\left(\frac{1}{r}ln\left(\ldots\left(\ldots\frac{1}{r}\left(\frac{\ln(n_0)}{r}\right)\ldots\right)\ldots\right)\right)\right)\right)$$

$$\text{pour } \frac{\ln(n_{p-a})}{r} \gg 1 \rightarrow n_{p-a} \gg e^r$$

D'où :

$$n_p \leq \frac{1}{ln(10)}\ln\left(\ln\left(\frac{1}{ln(10)}\ln\left(\frac{1}{ln(10)}ln\left(\ldots\left(\ldots\frac{1}{ln(10)}\left(\frac{\ln(n_0)}{ln(10)}\right)\ldots\right)\ldots\right)\right)\right)\right)$$

$$\textbf{pour } n_{p-a} \gg 10$$

Et suite aux deux expressions précédentes de n (nombre de chiffres de N) au rang p, on pose :

$$b = \frac{1}{ln(10)} \ln\left(\frac{1}{ln(10)} \ln\left(\frac{1}{ln(10)} ln\left(... \left(... \frac{1}{ln(10)} \left(\frac{\ln(n_0)}{ln(10)}\right)...\right)...\right)\right)\right)$$

Et en égalisant les deux expressions, il vient :

$$\frac{1}{ln(10)} \ln(ln(b)) \approx 1 + \frac{1}{ln^2(10)} ln\left(\frac{1}{\ln(10)} \ln(b)\right)$$

$$\rightarrow \ln(ln(b)) \approx \frac{\ln^2(10) - ln(\ln(10))}{\ln(10) - 1}$$

Enfin, en reportant, on obtient :

$$n_p \leq \frac{\ln^2(10) - ln(\ln(10))}{\ln(10)(\ln(10)-1)} = 1,489629\ldots < \frac{3}{2}$$

$$\to n_p = 1 \ car \ n_p \in \mathbb{N}^+$$

On a donc bien le nombre de chiffres de N qui atteint un seul chiffre au bout de p étapes.

D'ailleurs, comme le logarithme itéré est strictement décroissant, on a :

$$\lim_{p \to \infty} n_p = 1$$

$$\to 1 \leq \frac{1}{ln(10)} \ln\left(\ln\left(\frac{1}{ln(10)} \ln\left(\frac{1}{ln(10)} ln\left(\ldots\left(\ldots\frac{1}{ln(10)}\left(\frac{\ln(n_0)}{ln(10)}\right)\ldots\right)\ldots\right)\right)\right)\right)$$

D'où :

$$n_0 \geq 10^{\ln(10)10^{10^{\cdots^{10^{e^{10}}}}}}$$

On atteint très vite des nombres gigantesques pour prétendre à plusieurs étapes jusqu'à un nombre d'un seul chiffre. Cela signifie à la fois que :

- La persistance additive décroit vers un nombre à un chiffre dans tous les cas ;
- Le nombre d'étapes pour atteindre un seul chiffre est faible car la décroissance est une exponentielle itérée ;
- Le nombre N de départ pour n'avoir que 5 étapes vers un seul chiffre est déjà immense.

GRAPHIQUE

Voici sur le graphique suivant les 3 étapes (p1, p2 et p3) de tous les nombres entiers N ≤ 1200 :

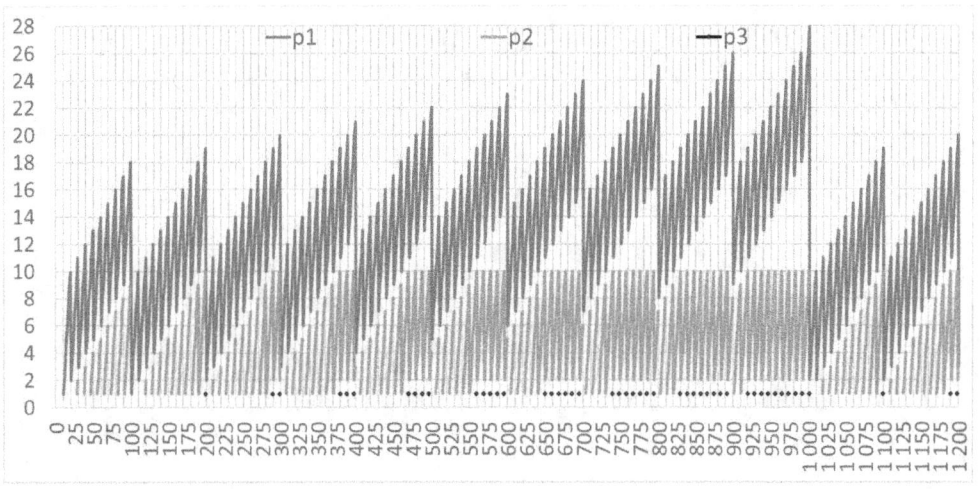

On remarque un cycle toutes les centaines et tous les milliers. En fait, il y a un cycle à chaque puissance de 10.

AUSSI GRANDE QU'ON LE SOUHAITE

Comment obtenir une persistance additive aussi grande qu'on le souhaite ? Pour cela, on part du résultat et on remonte les rangs en trouvant le plus petit nombre N possible comme suit :

$$N_p = 1 = 1 + 0 \rightarrow P = 0$$

$$\rightarrow N_{p-1} = 10 = 1 + 9 \rightarrow P = 1$$

$$\rightarrow N_{p-2} = 19 = 1 + 9.2 \rightarrow P = 2$$

$$\rightarrow N_{p-3} = 199 = 1 + 9.22 \rightarrow P = 3$$

$$\rightarrow N_{p-4}$$

$= 19\ 999\ 999\ 999\ 999\ 999\ 999\ 999\ (22\ fois\ le\ chiffre\ 9)$

$$= 2.10^{22} - 1$$

$= 1$

$+\ 9.2\ 222\ 222\ 222\ 222\ 222\ 222\ 222\ (22\ fois\ le\ chiffre\ 2)$

$$= 1 + 9\left(\frac{2}{9}10^{22} - \frac{2}{9}\right) \rightarrow P = 4$$

$$\rightarrow N_{p-5}$$

$= 1999\ldots999\ (222\ldots222\ (22\ fois\ le\ chiffre\ 2)\ fois\ le\ chi$

$$= 2.10^{\frac{2}{9}(10^{22}-1)} - 1$$

$$= 1 + 9\left(\frac{2}{9} \cdot 10^{\frac{2}{9}(10^{22}-1)} - \frac{2}{9}\right) \rightarrow P = 5$$

$$\rightarrow N_{p-6}$$

$= 1999\ldots999\ (222\ldots222\ (0{,}222\ldots 10^{22}\ fois\ le\ chiffre\ 2)$

$$= 2.10^{\frac{2}{9}\left(10^{\frac{2}{9}(10^{22}-1)}-1\right)} - 1$$

$$= 1 + 9\left(\frac{2}{9} \cdot 10^{\frac{2}{9}\left(10^{\frac{2}{9}(10^{22}-1)}-1\right)} - \frac{2}{9}\right) \rightarrow P = 6$$

...

En résumé :

$$P = 0 \text{ avec } N = 1$$

$$P = 1 \text{ avec } N = 10$$

$$P = 2 \text{ avec } N = 19$$

$$P = 3 \text{ avec } N = 199$$

$$P = 4 \text{ avec } N = 2 \cdot 10^{22} - 1$$

$$= 19\ 999\ 999\ 999\ 999\ 999\ 999\ 999$$

$$P = 5 \text{ avec } N = 2.10^{\frac{2}{9}(10^{22}-1)} - 1$$

$$P = 6 \text{ avec } N = 2.10^{\frac{2}{9}\left(10^{\frac{2}{9}(10^{22}-1)}-1\right)} - 1$$

$$...$$

$$\rightarrow N = 2.10^{\frac{2}{9}\left(...10^{\frac{2}{9}\left(10^{\frac{2}{9}\left(10^{\frac{2}{9}(10^{22}-1)}-1\right)}-1\right)}...-1\right)} - 1$$

$$\rightarrow P = \infty$$

La persistance additive est infinie. C'est-à-dire que l'on pourra donc toujours construire un nombre entier positif (présenté ci-dessus) qui aura une persistance additive infinie (toujours plus grande que la précédente).

Pour connaître P, il suffit de compter les itérations de puissances de 10 comme suit :

$$N_n = \underbrace{2.10^{\underbrace{\ldots 2.10^{\underbrace{\frac{1}{9}\left(2.10^{\underbrace{\frac{1}{9}\left(2.10^{\underbrace{\frac{1}{9}\left(\underbrace{2.10^{22}-1}_{P=4}-1\right)}_{P=5}}-1-1\right)}_{P=6}}-1-1\right)}_{P=7}}}_{P=n}} - 1}_{P=n}$$

$$\rightarrow P = n$$

Et :

$$\lim_{n \to \infty} N_n = 2.10^\infty - 1 \to P = \infty$$

Ainsi, en itérant cette forme à l'infini, n et donc P sont infinis. La persistance additive a une preuve irréfutable (voir précédemment) qu'elle est infinie même s'il faut atteindre des nombres entiers positifs gigantesques puisque la progression est à chaque étape très diminuée, de l'ordre de 100 fois moins, soit 2 chiffres en moins.

REFERENCES

[1]. Jean-Paul Delahaye : « La Persistance des nombres », Pour la Science n°430, Août 2013

[2]. Wikipedia : « Persistance d'un Nombre », https://fr.wikipedia.org/wiki/Persistance_d%27un_nombre

[3]. N. J. A. Sloane : Encyclopédie en ligne des séquences de nombres, https://oeis.org/A006050

[4]. Wolfram Mathworld : "Additive Persistence", http://mathworld.wolfram.com/AdditivePersistence.html

© RS – Mai 2018.